Bibliografische Information der Deutschen Nationalbibliothek:

Die Deutsche Bibliothek verzeichnet diese Publikation in der Deutschen National-
bibliografie; detaillierte bibliografische Daten sind im Internet über http://dnb.d-
nb.de/ abrufbar.

Impressum:

Copyright © 2015 GRIN Verlag, Open Publishing GmbH
Druck und Bindung: Books on Demand GmbH, Norderstedt Germany
ISBN: 9783668471917

Dieses Buch bei GRIN:

http://www.grin.com/de/e-book/369510/foerdernde-interaktionsformen-in-
mathematischen-lernsituationen-mit-gleichem

Sandra Blum

Fördernde Interaktionsformen in mathematischen Lernsituationen mit "Gleichem Material in Großer Menge"

GRIN Verlag

GRIN - Your knowledge has value

Der GRIN Verlag publiziert seit 1998 wissenschaftliche Arbeiten von Studenten, Hochschullehrern und anderen Akademikern als eBook und gedrucktes Buch. Die Verlagswebsite www.grin.com ist die ideale Plattform zur Veröffentlichung von Hausarbeiten, Abschlussarbeiten, wissenschaftlichen Aufsätzen, Dissertationen und Fachbüchern.

Besuchen Sie uns im Internet:

http://www.grin.com/

http://www.facebook.com/grincom

http://www.twitter.com/grin_com

Pädagogische Hochschule Ludwigsburg

B.A. Frühkindliche Bildung und Erziehung

Sommersemester 2015

Modul: Mathematik und mathematische

Denkentwicklung

Portfolio:

Fördernde Interaktionsformen in mathematischen Lernsituationen mit „Gleichem Material in Großer Menge"

Prüfungsdatum: 15.9.2015

Inhalt

Einleitung 1

1. Mathematikdidaktisch-fördernde Interkationen zwischen Kind und Pädagoge/Pädagogin 2

   1.1   Der Interaktionsbegriff des Mathematiklernens 2

   1.2   Fördernde Bedingungen in Interaktionen von pädagogischen Fachkräften und Kindern 3

   1.3   Interaktionsformen und ihr „Fördercharakter" in mathematikdidaktischen Situationen 4

2. Mathematikdidaktische Szenenbeschreibungen mit GMGM 7

   2.1 Hintergrundinfos zu GMGM 7

   2.2   Szenebeschreibungen mit mathematikdidaktischen Interpretationen 8

      2.2.1 Szene 1: „Imitation" 8

      2.2.2 Szene 2: „Wissensvermittlung" 11

      2.2.3 Szene 3: „Wissenskonstruktion" 12

      2.2.4 Szene 4: „Wissensrekonstruktion" 14

3. GMGM anhand der SAMA-Matrix 16

      3.1.1 Inhaltsbereich: Zahlen und Operationen 16

      3.1.2 Inhaltsbereich: Raum und Form 17

      3.1.3 Inhaltsbereich: Muster und Strukturen 17

      3.1.4 Inhaltsbereich: Größen und Messen 18

      3.1.5 Inhaltsbereich: Daten und Wahrscheinlichkeit 18

   3.2   Reflexion des verwendeten Material nach dem GMGM-Konzept 19

Schlusswort 20

Quellenverzeichnis

Einleitung

In den Seminaren „Mathematik im Kindergarten und am Schulanfang" und „Mathematik in Alltagssituationen" bearbeiteten wir verschiedene Förderprogramme für Mathematik im Vorschulbereich. Unter anderen „Gleiches Material in großer Menge" nach Kerensa Lee. Die Fragestellung dieser Arbeit dient zur wissenschaftlichen Fundierung dieses Konzeptes. Dabei geht es speziell um die verschiedenen Interaktionen zwischen der pädagogischer Fachkraft und dem Kind, die bei der Arbeit mit GMGM entstehen können. Das in den Szenen und Beispielen verwendete Material ist in dieser Arbeit durchgehend: rote und blaue quadratische Plättchen (etwa 1,5cm²) in großer Menge. Durch meine Fragestellung nach der Interaktion der pädagogischen Fachkraft steht in dieser Arbeit weniger das Material im Mittelpunkt, sondern die Handlungen der pädagogischen Fachkraft und die Reaktionen der Kinder. Dabei stütze ich mich auf die Rollendimensionen der Alltagspädagogik nach Brandt und Tiedemann.

Im ersten Teil wird herausgearbeitet, welche Interaktionen, welches Handeln die mathematischen Fähigkeiten des Kindes fördern, d.h. welche Bedingungen eine Interaktion erfüllen muss, um im mathematikdidaktischen Bereich als „fördernd" zu gelten. Ausgeklammert ist dabei der äußerliche Rahmen, der die Interaktionsbedingungen stark beeinflussen kann, wie z.B. die Ausbildungsqualität, der Betreuungsschlüssel usw.

Im zweiten Teil, den Szenebeschreibungen, sind die Interaktionsformen konkret an vier Beispielen dargestellt. Die Szenenbeschreibungen werden analysiert durch eine fachliche Einordnung in Inhaltsbereiche der mathematikdidaktischen Lernsituation (nach den Standards der Kultusministerkonferenz 2004) mit GMGM. Jeweils abschließend gebe ich didaktische Impulse zur Weiterführung, mit Rücksicht auf Fragestellung und Fachliteratur.

Wie vielfältig das dabei verwendete Material mathematikdidaktisch angewandt werden kann, beschreibe ich in Punkt 3. Hier analysiere ich systematisch die mathematischen Aktivitäten der Kinder mit den quadratischen, blauen und roten Plättchen zu den Inhaltsbereichen der vorschulischen Mathematik.

1. Mathematikdidaktisch-fördernde Interkationen zwischen Kind und Pädagoge/Pädagogin

In diesem Abschnitt wird die Frage „Welche Interaktion zwischen Kind/ern und Pädagogen/Pädagogin ist der mathematischen Entwicklung förderlich?" nachgegangen. Der ko-konstruktivistische Ansatz nach Vygotsky[1] (vgl. König 2006, S. 31ff) hebt deutlich die Interaktion der Erwachsenen mit den Kindern in Bezug auf Entwicklungsförderung („Zone der nächsten Entwicklung") hervor. Das Konzept der „Alltagspädagogik in mathematischen Spielsituationen mit Vorschulkindern" (Brandt/Tiedemann 2011, S. 91-100) analysiert „gewöhnliche Erwachsenen-Kind-Interaktionen" (ebd., S. 91) und nimmt speziell „Ermöglichungsbedingungen früher mathematischer Lernprozesse in den Blick" (ebd., S. 91). Die mathematischen Fähigkeiten stehen in engen Zusammenhang mit der kognitiven Entwicklung. Diese „wird [nach Vygotsky] als gemeinsame "Konstruktion" des Kindes und anderer Menschen verstanden. (…) Im Zusammenhang mit dem von ihm geprägten Begriff "Zone der nächsten Entwicklung" zeigt sich erneut, wie wichtig für Kinder die Anleitung durch Erwachsene und kompetentere Kinder ist. Dadurch bekommen Erzieher/innen einen höheren Stellenwert für die kindliche Entwicklung als bei anderen frühpädagogischen Ansätzen" (Textor 2000, k.S. Hinzufügung u. Auslassung: S.S.). Es stellt sich nun die Frage, welche Interaktionsformen fördern mathematisches Denken und Lernen bei Vorschulkindern?

1.1 Der Interaktionsbegriff des Mathematiklernens

Kommt aus dem Lateinischen. „inter" und „actio" beschreiben den Handlungsprozess zwischen Individuen. Neben den einzelnen Personen, die sich in einem Interaktionsprozess aufeinander beziehen, ist dieser immer im Zusammenhang mit der umgebenden Situation wahrzunehmen. (vgl. König 2006, S. 64), beispielsweise die Materialien und die gegebene Situation. Des Weiteren ist beim Interaktionsbegriff zwischen einem Erwachsenen und einem Kind zu beachten, dass es sich um das Beziehungsverhältnis der beiden Interaktionären handelt. Dies hebt die Subjektivität des Interaktionsprozesses hervor. „Heute werden in der Pädagogik die beiden Perspektiven der „sozialen" und der „instrumentellen Beziehung" als grundlegende Teilkomponenten der pädagogischen Interaktion gesehen" (König 2006, S. 98).

---

[1] Bei „Textor" wird Vygotsky auch „Wygotski" genannt.

1.2 Fördernde Bedingungen in Interaktionen von pädagogischen Fachkräften und Kindern

„Insbesondere das Anknüpfen an Gedankenprozesse und die wechselseitige Interaktion gelten hier [in den Theorien zur „Instruktion" und „Didaktik"] als Möglichkeit, den Lernprozess der Lernenden erfolgreich zu unterstützen" (König 2006, S. 98). Es biete sich im Kindergarten speziell die „adaptive Instruktion an, um das Kind bei seinen Lernprozessen zu unterstützen" (ebd. S. 98). Diese Instruktionsform ist am Kind, seinen Interessen und Bedürfnissen orientiert und individuell. Die Handlungsziele werden gemeinsam mit dem Kind in wechselseitigen Interaktionsprozessen entwickelt (vgl. ebd., S. 99). König kommt nach der Abhandlung verschiedener Interaktionstheorien zum Schluss:

> „Wesentlich ist für diese Interaktionsform die Entwicklung und Weiterführung von Gedankengängen. Dabei darf die Diskussion nicht verkürzt geführt und allein Aushandlungsprozesse als hinreichend für ko-konstruktive Prozesse eingestuft werden. Erst über die „instruktiven" Momente, welche zu einer Erweiterung der Gedankengänge führen, wird die didaktische Dimension bewusst, die in „dialogisch-entwickelnden Interaktionsprozessen" [(vgl. Sylva et. al. 2003)] bzw. in „bewusst dialogisch-entwickelnden Denkprozessen" liegen kann." (ebd. S. 150)

Im späteren Bericht ihrer Videostudie zu Interaktionsprozessen zwischen Erzieher/innen und Kind/ern schreibt König von den Kernvariablen: „Sensitivität und Responsivität[2]", die zum Beziehungsaufbau beitragen. „Diese sozialen Aushandlungsprozesse gelten als Schnittstelle für die PädagogInnen, um sich dem Denken der Individuen anzunähern" (ebd. S. 130). Die Kernvariablen „gelten unmittelbar als optimale Lernumwelt, die das Kind als kompetentes Gegenüber ernst nimmt, indem die Selbstwirksamkeit des Kindes unterstützt und die Aufmerksamkeit des Kindes sensibel für einen gemeinsamen Interaktionsbezug genutzt wird." (ebd. S. 154)

Fördernde Interaktionen nach König sind also, wechselseitige Dialoge und Handlungen, bei denen

---

[2]„**Responsivität** (Antwortverhalten, Antwortbereitschaft) ist die Bereitschaft vor allem von Eltern, auf Interaktions- und Kommunikationsversuche eines Kindes einzugehen. (…) Als Responsivität bezeichnet man daher die Abstimmung von kindlichen Bedürfnissen und elterlichen Reaktionen. Hierzu gehören auch Anforderungen, also der elterliche Anspruch an leistungsbezogenes wie moralisches Verhalten ihrer Kinder. Es geht dabei insbesondere um Regeln, die klar übermittelt werden und auf die eine situationsangemessene und verlässliche (d.h. unter gleichen Umständen auch gleiche) elterliche Reaktion erfolgt (z.B. Aufmerksamkeit, Lob, Kritik). Anforderungen sollten immer den aktuellen Fähigkeiten des Kindes immer eine Spur voraus sein und damit den größtmöglichen Ansporn darstellen. Responsivität und Anforderung gelten als günstige Voraussetzung für eine positive kindliche Selbstwertentwicklung." (Stangl 2012, http://lexikon.stangl.eu/7470/responsivitaet/. abgerufen am 5.8.15)

a) die pädagogische Fachkraft *„sensitiv und responsiv"* (König 2006, S. 154) handelt (Einflussfaktor: „emotionale Beziehung"),

b) die *Handlungsziele* bzw. die „Problem-Lösungsprozesse" (ebd. S. 155) *gemeinsam reziprok, ko-konstruktiv*[3] entwickelt werden,

c) die *Entwicklung und Weiterführung der Denkprozesse dialogisch-bewusst entwickelt* wird (d.h. „geteilte Denkprozesse" bei denen beide Beteiligten gleichermaßen aktiv sind (vgl. Göncü/Rogoff 1998)) (Einflussfaktor: „Engagement beider Beteiligten" (vgl. König 2006, S. 155).

Dies entspricht auch der von Rathgeb-Schmierer genannten, benötigten Haltung der pädagogischen Fachkraft (vgl. Rathgeb-Schmierer 2008). Sie schreibt von einer ermutigenden Einstellung, mit „ernsthaftem Interesse, an dem, was das Kind zu sagen hat, einem kompetenzorientierten Blick auf die Vorstellung der Kinder sowie positive Reaktionen und Bestätigungen, selbst wenn die Aussagen der Kinder nicht den eigenen Erwartungen entsprechen" (Rathgeb-Schmierer 2008, S. 87).

1.3 Interaktionsformen und ihr „Fördercharakter" in mathematikdidaktischen Situationen

Anhand der eben genannten Bedingungen, durch die Interaktionen das Kind fördert, analysiert dieser Punkt konkrete Interaktionsformen/Modelle (in Anlehnung an Projekt ErSTMal – early Steps in Mathemtics Learning, von Brandt/Tiedemann) von pädagogischen Fachkräften in mathematikdidaktischen Situationen. In Punkt 2 spiegeln sich diese Modelle in den Szenenbeschreibungen wieder.

Die Auflistung von mathematischen Interaktionsmodellen ist erweiterungsfähig. Die vier Modelle sind den vier Konzepten der Alltagspädagogik von Brandt/Tiedemann (2011): Alltagspädagogik in mathematischen Spielsituationen" nach Olson und Bruner (1996) entnommen.

---

[3] „Mit dem Begriff Ko-Konstruktion" wird die Bedeutung der sozialen Beziehungen für die Konstruktionsprozesse der Individuen betont. Von „Ko-Konstruktion" wird gesprochen, wenn Individuen über Aushandlungsprozesse gemeinsam Vorstellungen über einen Gegenstand entwickeln." (König 2006, S. 137)

1.3.1 Interaktionsmodell „Imitation"

In diesem Modell ist das Kind das handelnde Subjekt. Die pädagogische Fachkraft demonstriert als Vorbild und das Kind imitiert (vgl. Brandt/Tiedemann 2011, S. 95). So gesehen stehen beide dabei im wechselseitigen Dialog auf handelnder Ebene. Die Sensitivität und Responsivität dieser Interaktion ist universell nicht festzustellen. Die Zuwendung und Aufmerksamkeit (verbal/ körperlich) der pädagogischen Fachkraft ist hier situationsabhängig und kann nicht universell auf alle Imitations-Interaktionen übertragen werden. Dies wird in Punkt 2. beispielhaft anhand einer Szenebeschreibung erarbeitet. Das Handlungsziel scheint auf den ersten Blick weder gemeinsam, noch reziprok und ko-konstruktiv entwickelt, da kein direkter Austausch zwischen Fachkraft und Kind besteht. Unterschieden werden muss, ob die Erzieherin das Kind zum Imitieren instruiert (Fachkraft aktiv), oder das Kind ohne Aufforderung eine mathematische Handlung imitiert (z.b. den Schreiblauf einer Ziffer nachzeichnet) (Kind aktiv). In beiden Fällen allerdings ist keine gleichwertige, ko-konstruktive bewusste Dialog-/Situationsgestaltung. Die Entwicklung und Weiterführung des Denkprozesses ist auf Grund der „handwerklichen Tätigkeit" in diesem Modell eher auf die motorische Ebene zu übertragen. Möglich ist der Ausbau, die differenzierende Weiterführung des Lernprozesses durch abgewandelte Handlungen der pädagogischen Fachkraft, z.B. in dem sie andere Ziffern vorzeichnet, oder einen anderen Rhythmus klatscht. Imitation schließt einen Dialog nicht aus! Bei Klatschspielen kann durchaus auch das Kind die Vorbildrolle übernehmen und der Erwachsene klatscht den Rhythmus nach. Häufig ist Imitation Anknüpfungspunkt für weitere Interaktionen, oder auch in anderen Interaktionsformen mit dabei, wie in Szene 3: „Wissenskonstruktion" unter Punkt 2.2.3.

„Imitation" ist nach den in 1.2 genannten Punkten nur mit weiteren Bedingungen (Sensitivität, bewusst-dialogisch) als förderndes Interaktionsmodell zu sehen. Die Stärken sind hier, dass in allen Fällen das Kind aktiv (meist kognitiv und motorisch) ist, und es durch Wiederholung der demonstrierten Handlung Fähigkeiten, Fertigkeiten und Strategiewissen erlangen kann. Ein Nachteil ist, dass das Kind in Abhängigkeit zur pädagogischen Fachkraft und nicht gleichwertig ihr gegenüber steht. So kann z.B. eine Ziffer in ungeeigneter Art vorgezeichnet werden, was wenig einer fördernden Interaktion entspräche. Die Sensitivität, Responsivität und das Engagement der pädagogischen Fachkraft bestimmt hier also gravierend mit.

1.3.2 Interaktionsmodell „Wissensvermittlung"

Diese Art von Interaktion hat das konkrete Ziel der Wissensvermittlung. Sie ist häufig im Alltag zu beobachten, da die Rolle des Wissensvermittler scheinbar intuitiv im „reiferen" der Interaktionspartnern steckt. Das Kind ist dabei Wissensempfänger bzw. „Wissender", sobald es die präsentierten „Fakten, Prinzipien, Theorien (…) oder Handlungsregeln" (Brandt/Tiedemann 2011, S. 96) aufgenommen und gespeichert hat. Das Kind ist passiv und die pädagogische Fachkraft „bestimmt die Aufgabe, die Methode und das Ziel für das Kind" (ebd., S. 96).

Die Sensitivität und Responsivität kann auch in diesem Modell verschieden ausfallen. Responsivität ist allerdings stärker vorhanden als bei „Imitation", da die pädagogische Fachkraft durch ihr Antwortverhalten in ihre Rolle als Wissensvermittler kommt. So benennt die pädagogische Fachkraft beispielsweise die vom Kind gewürfelte Zahl und zeigt darauf. Eine gemeinsame, reziproke, ko-konstruktive Entwicklung von Handlungszielen oder Problem-Lösungsprozessen ist auf Grund des einseitigen Dialoges sehr beschränkt bis gar nicht möglich. „Geteilte Denkprozesse" können ebenfalls auf Grund dieses Ungleichgewichts nicht entstehen.

1.3.3 Interaktionsmodell: „Wissenskonstruktion"

Dieses dritte Modell der sozialen Aushandlungsprozesse passt sehr gut zu Königs konstruktivistischen Hintergrundtheorien. Hier wird das Kind (und natürlich die pädagogische Fachkraft) als eigenständige Denker, als Wissenskonstrukteur gesehen (Brandt/Tiedemann 2011, S. 97). Die pädagogische Fachkraft ist „Diskurspartner", „der damit befasst ist, das Kind in seinen Gedanken zu verstehen und an seinen Deutungen mitzuarbeiten." (ebd., S. 97).

Die diesem Modell ist die Sensitivität und Responsivität der pädagogischen Fachkraft von größerer Bedeutung, da es ihre „Rolle" ist, das Kind zu verstehen, nachzuvollziehen und mit ihm zusammen an den Denkprozessen beider zu arbeiten. Ihr Antwortverhalten und der Dialog muss also wohlüberlegt gestaltet werden. Dies bewirkt eine gemeinsame, reziproke und ko-konstruktive Entwicklung von Problem-Lösungswegen bzw. Denkprozessen. Somit entspricht dieses Modell allen drei aufgeführten Bedingungen nach König.

1.3.4 Interaktionsmodell: „Wissensrekonstruktion"

Hier übernimmt die pädagogische Fachkraft die Rolle des „Informationsmanager[s], die dem Kind beratend zur Seite steh[t]." (ebd., S. 99, Hinzufügung: S.S.) Hier wird unterschieden in das eigene Wissen und dem Wissen der umgebenden Kultur. Kind und pädagogische Fachkraft agieren gemeinsam, so dass dem Kind die Bewältigung einer kulturellen Praktik gelingt. Typisches Beispiel ist hier, das gemeinsame, d.h. synchrone Zählen. Das Kind bleibt in seiner Rolle als Sachkundiger bzw. eignet sich weiteres Sachwissen an und gestaltet die Situation mit.

Auch in diesem Modell geht die pädagogische Fachkraft sensitiv und responiv in der Interaktion mit dem Kind um. Sie gibt mit ihren Antworten, ihrer Interaktion Unterstützung um dem Kind Teilhabe an der Kultur (z.B. am morgendlichen Ritual: Alle anwesenden Kinder zählen) zu ermöglichen. Das Handlungsziel oder der Problem-Lösungsprozess wird gemeinsam reziprok entwickelt. Die Ko-Konstruktivität ist im Gegensatz zum Modell „Wissenskonstruktion" eingeschränkter, da die pädagogische Fachkraft dem Kind Informationen gibt, mit denen das Kind Wissen rekonstruiert. Die Entwicklung und Weiterführung der Denkprozesse sind von der pädagogischen Fachkraft aus, bewusst entwickelt und können dialogisch gestaltet werden.

2. Mathematikdidaktische Szenenbeschreibungen mit GMGM[4]

Zur Veranschaulichung der Interaktionsmodelle sind im Punkt 2.2 verschiedene Szenenbeschreibungen beobachtet und dokumentiert. Dabei wurde „Gleiches Material in Großer Menge" der Kindergruppe im Freispiel angeboten. Wie zu Beginn beschrieben, handelte es sich in diesem Fall um blaue und rote quadratische Plättchen aus Karton mit jeweils etwa 1,5cm² Fläche.

2.1 Hintergrundinfos zu GMGM

Das Konzept „Gleiches Material in Großer Menge" entstand in einer Zusammenarbeit von Kerensa Lee und Anton Strobel, einem Freinet-Pädagogen. Das Konzept sieht vor, dass „genau gleiches Material" (Lee 2010, S. 18) verwendet wird. Diese Reduktion der sonst üblichen möglichst großen Vielfalt „garantiert aber, dass die Fantasie der Motor des Konstruierens wird."

---

[4] Die Abkürzung „GMGM" steht für „Gleiches Material in Großer Menge"

(ebd., S. 18) „Die Verfügbarkeit einer ausreichend großen und doch zu bewältigenden Menge gleicher Elemente löst bei Kindern wie Erwachsenen den Reiz aus, diese zu begreifen und in eigenem Sinne neu zu gestalten." (Lee Hülswitt 2006, S. 105) Die klassischen mathematischen Materialien, wie Würfel, Kugel, Kreise, Quadrate und gleichschenklige oder gleichseitige Dreiecke lassen sich leicht in geometrische Ordnungen und Zahlen, bzw. Zahlstrukturen übersetzen (vgl. Lee 2010, S. 18). Durch die Zweckentfremdung haben auch Alltagsmaterialien wie „Eislöffel, Pappbecher oder Zahnstocher" ihren fantasieanregenden Reiz. Wichtig ist, so Lee, dass die Materialien in einer schlichten Umgebung den Kindern bereitgestellt werden (vgl. ebd., S. 20). Es geht darum „freie mathematische Eigenproduktionen" (Lee Hülswitt 2007, S. 150) zu ermöglichen. Ein weiteres Kapitel im Buch „Kinder erfinden Mathematik" von Lee schlägt vor, die Kinder einzuladen, nach ihrem Tätig sein mit GMGM ihre Ideen zu Papier zu bringen (vgl. ebd., S. 28). Diese Hintergrundinformationen zu GMGM bildeten die Grundlagen für mein Angebot und Beobachtungen in einer Kindertageseinrichtung.

2.2 Szenebeschreibungen mit mathematikdidaktischen Interpretationen

Aus einer Videoaufnahme in meiner Kindertageseinrichtung konnte ich folgende Szenen herausschreiben. Die Auswahl stimmte ich mit den unter 1.3 genannten Interaktionsmodellen ab. In den Analyseabschnitten ordne ich die Situationen zusätzlich in die Inhaltsbereiche der Mathematik nach Kaufmann (2010) ein. Das Material, die blauen und roten 1,5cm² Quadratplättchen aus Karton, brachte ich mit (Anzahl geschätzt: 300-400 Stück). Da in der Einrichtung meist draußen gespielt wird, hatte ich einige große Holzplatten als Unterlage bereitgelegt. Dann ergab sich die erste Szene.

2.2.1 Szene 1: „Imitation"
Szenenbeschreibung:

Datum: 21.5.15   *Uhrzeit: 9:05 Uhr*   *Ort: Naturgruppe Schiltach*

beteiligte Personen: Pädagogin und B. (w 3;6)   *Situation: es ist Freispielzeit*

Die Pädagogen bringt die Schachtel mit den Quadratplättchen und stellt sie auf den Boden. Sie setzt sich daneben und bricht als Vorbereitung für die Lernsituation die Quadrate an der Perforierung auseinander und legt sie ungeordnet auf- und nebeneinander auf den Boden. B. (3;6) sitzt daneben.

Nach vier Sekunden Zuschauen, fragt sie, auf eine weitere zusammenhängende Platte zeigend: „Die auch klein machen?". „Ja, kannsch auch.... Genau.", sagt die pädagogische Fachkraft und nickt. B. nimmt sich eine Platte aus der Schachtel und bricht ebenfalls ein Plättchen nach dem andern ab. Die Plättchen legt sie ebenfalls unsortiert auf eine Stelle vor ihr. Die Pädagogin hat ihre Platte zerlegt und verteilt die ungeordneten Plättchen auf dem Boden so, dass die Plättchen eine größere Fläche bedecken und nun weniger übereinander liegen. B. hat ihr zugeschaut, legt nun ihre noch nicht ganz zerlegte Platte weg und macht dieselbe Bewegung, mit ihren Plättchen. Die Pädagogin schiebt die Plättchen nun so präzise hin, dass sie mit ca. 2 Millimeter Abstand voneinander mehrere Reihen bilden. Dabei legt sie fortlaufend eine Regelmäßigkeit: zwei rote, ein blaues, zwei rote, ein blaues

Abb. 1: gelegtes Muster von Pädagogin (nachgestelltes Foto)

Abb. 2: gelegtes Muster von B (w 3;6) (nachgestelltes Foto)

Quadratplättchen usw. (-> Abb. 1). und in der darauffolgenden Reihe legt sie dasselbe Muster (auch Bandornament genannt) um eines verschoben: ein rotes, ein blaues, zwei rote, ein blaues usw. B. schiebt ihre Plättchen ebenfalls in Reihen. Es ist keine Regelmäßigkeit zu entdecken (-> Abb. 2). Sie nimmt immer das in nächster Nähe liegende Blättchen und schiebt es in die Reihe. Andere Kinder kommen hinzu und B. tritt aus der Imitations-Interaktion mit der Pädagogin aus.

Analyse und didaktische Impulse zur Weiterführung:

Den ersten Abschnitt in dem B. die feinmotorische Handlung der Pädagogin imitiert, habe ich mit verschriftlicht, um B.'s Nachahmungsverhalten hervorzuheben. Auch in anderen Situationen ist B. unter den Fachkräften bekannt für ihr Lernen und Einüben durch Nachahmung. Zu einer mathematischen Lernsituation kommt es im zweiten Abschnitt, als B. das geordnete, in Reihen legende Verhalten nachmacht. Auch wenn B. scheinbar nicht die farblichen Gesetzmäßigkeiten im Muster der Pädagogin erkennt und imitiert, hat diese Situation ihren Schwerpunkt im Inhaltsbereich „Muster und Strukturen" (vgl. Kaufmann 2010, S. 63 ff).

B. legt die Plättchen ebenfalls in Reihen untereinander und beendet die Reihe jeweils mit dem 7. Plättchen, so dass mit jeder vollendeten Reihe alle gelegten Plättchen ein Rechteck ergeben. Auch der Inhaltsbereich „Raum und Form" (vgl. Kaufmann 2010, S. 75ff) ist durch das flächendeckende geordnete Legen der Plättchen angesprochen. Dies könnte durch einen Dialog mit der Pädagogin verdeutlicht werden, indem sie beispielsweise, das Kind auf die große, rechteckige Fläche hinweist, die mit den Plättchen bedeckt wird. Dies geht über in den Inhaltsbereich „Größen und Messen" (Benz 2015, S. 227ff), wenn es um den Flächeninhalt geht. Beispielsweise könnten die Pädagogin und B. einen Rahmen um das gelegte Rechteck zeichnen, oder in der vorausgegangenen Situation die Fläche der noch ungetrennten Plättchen mit den getrennten Plättchen auf dem Boden vergleichen und beispielsweise die Lücken zwischen den Plättchen verändern. Wenn die Pädagogin fragt wieviel Plättchen in einer Reihe sind, oder wie viele Spalten B. legt (B. kann bis 10 sicher zählen!), greift sie Inhalte von „Zahlen und Operationen" (vgl. Benz 2015, S. 117ff). Auf Grund der zwei Farben könnte auch eine Überleitung in „Daten, Häufigkeit und Wahrscheinlichkeit" (vgl. Benz 2015, S. 267 ff) angeregt werden in dem die Pädagogin B. auf die Häufigkeit der blauen bzw. roten Plättchen in ihrem gelegten Rechteck anspricht.

Eine reine Imitations-Interaktion ist meiner Ansicht nach eine gute Möglichkeit gerade mit jüngeren Kindern in Beziehung zu treten. Wie in den Ideen zur Weiterführung zu den anderen Inhaltsbereichen deutlich wird, gehen Imitationsinteraktionen in andere Interaktionsformen über, oder ein Interaktionspartner beginnt eine andere Interaktionsform.

2.2.2 Szene 2: „Wissensvermittlung"

<u>Szenenbeschreibung:</u>

Datum: 21.5.15   *Uhrzeit: 9:20 Uhr*   *Ort: Naturgruppe Schiltach*

Beteiligte Personen: Pädagogin und V. (w 6;2)   *Situation: V., L (w 6;3) und 2 weitere*
Kinder sitzen um die Quadratplättchen

Die Pädagogin hat die beiden ältesten Mädchen V (6;2) und L
(6;3) Papier und Stifte angeboten, um „Pläne zu zeichnen". V. hat
die Frontansicht eines Giebelhauses gezeichnet. Aus rechteckigen
Kästchen zeichnet sie frei Hand den Rahmen des Hauses. Dabei
zeichnet sie den Wohnbereich nahezu quadratisch und die Türe
rechteckig (-> Abb. 3). Die Pädagogin schaut ihr zu. V. zeichnet
dann die rechte Seite des Dachgiebels mit fünf Kästchen. Das
sechste Kästchen schließt sie nicht, sondern geht direkt in das
nächste Kästchen nach untern über. Die oberen zwei Kästchen
„liegen" also übereinander. Während V. die linke Seite des
Daches mit einer leicht gebogenen, aus rechteckigen Kästchen

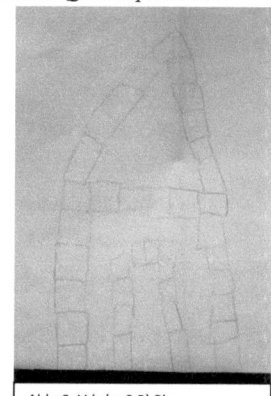

Abb. 3: V.'s (w 6;3) Plan
Foto des Originals

bestehenden Linie vollendet, sagt die Pädagogin: „Aha! Gut
gelöst! Da sieht man, dass man mit Quadraten keine Spitze legen kann. Des geht nicht. Nur mit
Dreiecken." V. schaut auf ihr Blatt, nickt. Und nimmt sich dann von den Plättchen. Sie beginnt
damit den Plan auszulegen.

<u>Analyse und didaktische Impulse zur Weiterführung:</u>

Ohne V. in den Denkprozess einzubeziehen, stellt die Pädagogin ihr Wissen in den Raum.
Dabei hat sie das Vorgehen von V. genau beobachtet und spiegelt dies verknüpft mit ihrem
Wissen (dass aus Quadraten ohne Überschneidungen kein spitzwinkliges Dreieck gelegt werden
kann) wider. Fachlich einzuordnen ist V.'s Planzeichen in den Inhaltsbereich „Raum und Form"
(vgl. Kaufmann 2010, S. 75ff), da sie verschieden Formen zeichnet. V.'s Lösungsweg beim
Dachfirst allerdings, der von der Pädagogin hervorgehoben wird, ist bereits über die frühe
mathematische Bildung heraus in den Bildungsstandards für den Primarbereich (der
Kultusministerkonferenz 15.10.2004) unter dem Punkt „Raum und Form" zu finden. In ihrer
„Freihandzeichnung" (KMK 2005, S. 10) stellt sie Modelle von ebenen Figuren her und fügt
diese zusammen (vgl. KMK 2005, S. 10). Ihr Problemlöseweg beim Dachfirst ist für sie völlig

ausreichend. Weiterführend könnte von der Pädagogin beim Auslegen des Planes beobachtet werden, wie V. das Dachfirstproblem mit den Plättchen löst. Legt V. die Plättchen etwas übereinander oder baut sie den angedeuteten Bogen der linken Seite des Dreiecks so aus, dass die Plättchen nicht übereinander liegen? Ebenfalls beim Belegen des Plans mit den Plättchen könnten Gesetzmäßigkeiten wie farbliche Gestaltung der Formen (blau das Quadrat des Wohnbereichs, rot das Dreieck des Dachs) angeregt oder ggf. benannt werden. Eventuell könnten auch die anderen Kinder mit einbezogen werden und eine Reihenhausfassade (Bandornament) gelegt werden. In der 4. Szenenbeschreibung geht diese Szene weiter und verwendet mathematische Inhalte von „Zahlen und Operationen" (Benz 2015, S. 117ff), in dem die Plättchen gezählt und verglichen werden. Hierbei wird auch der Bereich „Größen und Messen" (Benz 2015, S. 227ff) durch das Nennen der Längen im „Plättchenmaß" (eine Einheit ≙ einem Plättchen) angeregt; dazu in 2.2.4 mehr.

2.2.3 Szene 3: „Wissenskonstruktion"
Szenenbeschreibung:

Datum: 21.5.15 *Uhrzeit: 9:15 Uhr* *Ort: Naturgruppe Schiltach*

Beteiligte Personen: Pädagogin und L. (w 6;3) *Situation: L (w 6;3) und 3 weitere Kinder sitzen um die Quadratplättchen*

L. zeichnet, nach Anregung der Pädagogin (s. 2.2.2) mit einem Buntstift den Umriss eines Herzens auf weißes Papier. Sie beginnt von der Spitze aus, das Herz mit Plättchen auszulegen. Diese legt sie eng aneinander, teilweise aufeinander. (-> Abb. 4) Sie legt abwechselnd zwei rote, zwei blaue Reihen, die sie oben und unten etwas überlappen. L. schaut zur Pädagogin und zeigt auf ihr Bild: „Gugg! Ich mach ein Hearz!" Die Pädagogin setzt sich zu L.: „Oh schön! Sogar mit Muster!" Sie schaut L. zu, die die letzte, obere Reihe blau legt. Die Pädagogin betrachtet L.s Werk (->Abb. 5) und schiebt dann einige Plättchen am Rand des Herzens etwas weiter in die Mitte, enger zusammen, so dass sie korrekt an der von L. gezeichneten Linie liegen: „Wie könnt man des denn schön rund kriegen?". L. schaut

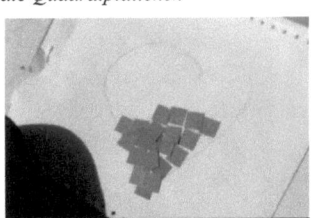

Abb. 4: L.s gezeichnete Herz
Foto des Originals

Abb. 5: L.s ausgelegte Herz
Foto des Originals

zu und schiebt dann ebenfalls zwei Plättchen enger zusammen. Sie schaut das Herz an und schiebt die oberen, blauen Plättchen enger zusammen. Dann bildet sie mit ihrer rechten Hand einen Bogen, parallel zu einer Rundung des Herzens und schiebt damit die Plättchen auf der rechten obere Herzhälfte enger zusammen. Dann schaut sie sich das Herz wieder an und schiebt die blauen Plättchen wieder etwas zurück nach außen an die gezeichnete Linie. „Des geht nicht schöner. Weil die sind so eckig!", sagt sie, steht auf und holt sich ein neues Blatt.

Analyse und didaktische Impulse zur Weiterführung:

Durch eine Handlung und die Äußerung der Pädagogin („Die Pädagogin (…) schiebt dann einige Plättchen am Rand des Herzens etwas enger zusammen, so dass sie korrekt an der von L. gezeichneten Linie liegen. „Wie könnt man des denn schön rund kriegen?"), wird L. angeregt, mit in den Denkprozess einzusteigen und eigene Ideen zum Lösungsweg beizutragen. Sie versucht mit der Hand die Plättchen in die angezeichnete Form zu schieben und erkennt dann, dass ein Bogen aus Quadraten die gleichzeitig aber auch in der Reihe liegen bleiben sollen, unmöglich ist.

Auch diese Szene hat ihren Schwerpunkt im Inhaltsbereich „Raum und Form" (vgl. Kaufmann 2010, S. 75ff). Sie legte eine Herzform und erkennt, dass die in Reihen gelegten Quadrate und die Herzform nicht vollständig kongruent sein können. Zu Beginn der Szene ist der Inhaltsbereich „Muster und Strukturen" (vgl. Kaufmann 2010, S. 63 ff) im Vordergrund, da L. ein gesetzmäßiges Muster legt, erkennt und fortsetzt. Die Pädagogin könnte L. vorschlagen einen Legeplan zu zeichnen und die Anzahlen der Quadratplättchen pro Reihe, pro Herzseite, pro Farbe usw. erfassen und aufzuschreiben (L. kann Zahlen bis 10 erfassen, lesen und schreiben.). Dies würde dem Inhaltsbereich „Zahlen und Operationen" nach Kaufmann entsprechen. Würde die Anzahl der benötigten Plättchen für die gesamte Fläche erfasst werden, würde L. sogar mit „Flächeninhalt" arbeiten (Inhaltsbereich: Größen und Messen) (vgl. Benz 2015, S. 231). Ebenfalls beim Erstellen eines Legeplans können „Daten" erfasst und dargestellt werden, beispielsweise, wie viele blaue, wie viele rote Plättchen benötigt werden. Diese Plättchenanzahl könnten dann in einem Säulendiagramm vergleichend dargestellt werden. Dabei können Größer- und Kleinerrelationen dargestellt und auf der enaktiven Ebene erkannt werden.

2.2.4 Szene 4: „Wissensrekonstruktion"

<u>Szenenbeschreibung:</u>

Datum: 21.5.15   *Uhrzeit: 9:25 Uhr*   *Ort: Naturgruppe Schiltach*

Beteiligte Personen: Pädagogin und V. (w 6;2)

Anknüpfend an Szene 2. hat V. ihren Legeplan für die Frontaufsicht eines Hauses mit roten und blauen Plättchen ausgelegt. (-> Abb. 6) „Machst du von meim au en Foto?", fragt sie die Pädagogin. „Ah! Du bist schon fertig mit deim Haus. Ein blaues Haus mit rotem Dach, wow!", sagt die Pädagogin und macht ein Foto. Dann sagt sie: „Gugg mal, auf der (sie zeigt auf die linke) Seite ist dein Haus fünf Plättchen hoch und auf der anderen vier! Leg da noch eins hin!" V. schaut erneut auf das gelegte Haus und nimmt ein blaues Plättchen vom Stapel daneben. Dann hält sie inne, legt das Plättchen wieder weg, schiebt die rechten Plättchen, die rechte Hauswand etwas enger nach oben, so dass unten Platz für etwa ein ganzes Plättchen ist und sagt: „Ne, des ist doch die Katzentür!"

Abb. 6: V.s Haus mit Katzentüre unten rechts. Foto des Originals

<u>Analyse und didaktische Impulse zur Weiterführung:</u>

Diese Interaktion der Pädagogin mit dem Kind geht anders aus als von der Pädagogin geplant. Die Pädagogin möchte V.s Wahrnehmung und Erfassen von Höhen bzw. Längen anregen und sie dazu bringen („Leg da noch eins hin!"), diese kulturell übliche und typische Darstellung von „Haus" zu perfektionieren. Ohne diese konkrete Aufforderung wäre die Interaktion deutlich komplexer und V. würde möglicher selbst darauf kommen ein Plättchen dazuzulegen. In dieser Szene sieht man deutlich, dass die Interaktionsform immer von beiden Interaktionspartnern gelenkt werden kann. So gibt die Aussage „Ne, des ist doch die Katzentür!" eine starke Wendung, da nun die Pädagogin der Wissensempfänger ist.

Dieser „Einfall" von V. ist in keinem mathematischen Inhaltsbereich zu finden. Die Benennung der Seitenlänge in „Plättchenmaß" durch die Pädagogin ist ganz klar in die Bereiche „Größen und Messen" (vgl. Benz 2015, S. 231) und „Zahlen und Operationen" (vgl. Benz 2015, S.

117ff) einzuordnen. Wie in Szene drei würde sich hier das Beschriften des Planes anbieten, um weiter die Bereiche „Zählen und Abzählen", „Lesen und Schreiben von Zahlen" sowie „Erfassen von Anzahlen" (Kaufmann 2010, S.145) und „Daten" (vgl. Kaufmann 2010, S.130) anzuregen. Im Bereich von „Raum und Form" bietet sich die Thematik der senkrechten Symmetrie (Spiegelachse) des gelegten Hauses an. Wie in Szene zwei schon beschrieben, könnten auch Häuserreihen, im Sinne von Bandornamenten (vgl. Peters 2010, S. 59ff) mit den Kindern entwickelt werden.

3. GMGM anhand der SAMA-Matrix

Mit der „Systematischen Analyse mathematischer Aktivitäten (SAMA)" nach Henschen werden mathematische Arbeitsweisen der „Bildungsstandards im Fach Mathematik für den Primarbereich" (KMK 2004) auf den vorschulischen Bereich übertragbar gemacht, so dass sich aus den „allgemeine[n] mathematischen[n] Kompetenzen" (Henschen 2011, S. 3) folgende Begriffe ergeben: „Erkunden, Anwenden, Verdeutlichen" (ebd., S. 3). „Konkrete Situationen im Kindergarten [müssen] als Ausgangspunkt dienen, um zentrale mathematische Arbeitsweisen zu finden." (ebd., S. 3, Hinzufügung: S.S.). Die von mir eingesetzten roten und blauen quadratischen Plättchen werden auch in diesem Teil der Arbeit im Sinne des GMGM-Konzeptes verwendet. Mathematische Tätigkeiten mit diesem Material können anhand der SAMA-Matrix nach Henschen gedeutet werden.

Im Folgenden sind zu jedem Inhaltsbereich der Mathematik (nach KMK-Standards) Situationen beschrieben, die den Begriffen „Erkunden, Anwenden, Verdeutlichen" zugeordnet sind. Die seitlich angebrachten Balken dienen zur Orientierung. Ein Absatz entspricht immer dem im Balken genannten Begriff.

3.1.1 Inhaltsbereich: Zahlen und Operationen

Wie beim Austeilen zu Beginn eines Kartenspiel, nimmt eine Vorschülerin (6;2) alle Plättchen zu sich und beginnt den am Tisch sitzenden Kindern der Reihe nach jeweils ein Kärtchen zuzuschieben. Dabei zählt sie nichts, sondern imitiert einfach das „Kartenausteilen". Sie versucht (möglicherweise sogar unbewusst) gleichmäßige Anzahlen der Plättchen an alle Kinder zu verteilen.

Wie Henschen schreibt hängen die Bezeichnungen „Erkunden, Anwenden, Verdeutlichen" zusammen (vgl. ebd. S. 4); auch in diesem Beispiel ist der Übergang vom „Erkunden" der Plättchenanzahl beim Austeilen zum „Anwenden" fließend. Das Mädchen hat nun alle Plättchen ausgeteilt und bemerkt, dass das letzte Plättchen nicht an das letzte Kind in der Runde ging. Sie fordert die Kinder auf nachzuzählen. Hier werden von allen Kindern Anzahlen erfasst, Mathematik angewendet.

Die Kinder nennen ihre Plättchenanzahl: 10, 10, 10, 9, 9. Das Mädchen geht zur Erzieherin und verdeutlicht ihr Problem: „Wie brauchen noch 2, damit alle 10 Kärtchen haben."

3.1.2 Inhaltsbereich: Raum und Form

Ein Mädchen nimmt sich einige Plättchen in beide Hände und lässt sie auf die Tischplatte rieseln. Sie schiebt sie auf dem Tisch hin und her, so dass die Plättchen verschieden große Flächen abdecken. Es ist keine Ordnung, kein System zu erkennen. Sie wendet ein Blättchen um die Rückseite anzuschauen und legt es wieder hin.

Zu den Plättchen bietet die Pädagogin Stifte und Papier an. Das Mädchen nimmt sich beides und zeichnet freihändig den Umriss eines Herzens auf das Papier. Dann legt sie (siehe 2.2.3 Szene 3) die Fläche des Herzens mit den Plättchen aus.

Während sie die letzte Reihe legt, verdeutlicht sie der Pädagogin ihr Tun: „Gugg! ich leg ein Hearz!"

3.1.3 Inhaltsbereich: Muster und Strukturen

In derselben Situation mit dem Herz ist auch der Inhaltsbereich „Muster und Strukturen" vertreten.

Beim Erkunden des Materials wie in 3.1.2 entdeckt das Vorschulmädchen (6;2) die zwei Farben der Plättchen.

Beim Auslegen der gezeichneten Herzform, wendet sie diese Erkenntnis an: Sie legt zwei Reihen rot und zwei Reihen blau usw.

Verbal verdeutlicht sie selbst diese Struktur zwar nicht (siehe 2.2.3), doch ist gerade im Bereich visuelle Muster wahrnehmen und weiterentwickeln, „anwenden" und verdeutlichen" kaum trennbar. Da schon mit dem ersten entwickelten Musterplan im Kopf die Erkenntnis angewendet wird und durch das wahrnehmbare Legen verdeutlicht wird. Dass das Mädchen ihr Muster erkennt oder selbst entwickelt und fortsetzt ist ein deutliches Zeichen, dass sie „Muster und Strukturen" anwendet und verdeutlicht.

3.1.4 Inhaltsbereich: Größen und Messen

Das Mädchen hat das Material bereits erkundet, in dem es zuvor sich einige Plättchen aus dem großen Haufen in der Mitte zu sich nahm. Ähnlich wie im Beispiel zu Raum und Form (s. 3.1.2) erkundet sie das Material dabei, in dem sie es auf dem Tisch hin und her wischt und verteilt.

Dann beginnt sie die Kärtchen ohne Lücke aneinander zu legen, parallel zur Tischkannte. Sie beginnt in der Mitte und legt bis zur rechten Tischkannte, dabei wechselt ihr Tun von „ein Zug legen" bis zu „eine Schlange". Die Pädagogin ergreift eine Interaktion und regt das Mädchen an, den Tisch „zu messen", in dem sie fragt: „Wie viele Plättchen braucht man eigentlich für die ganze Tischlänge?"

Das Mädchen legt darauf hin auch das linke Ende der Plättchenreihe bis zur Tischkannte. Sie verdeutlicht damit die Länge des Tisches visuell und versucht die Plättchen zu zählen, um sie auch verbal nennen zu können. In Interaktionsform „Wissensrekonstruktion" mit der Pädagogin gelingt es dem Mädchen und der Pädagogin die Länge des Tisches in Plättcheneinheiten festzustellen.

3.1.5 Inhaltsbereich: Daten und Wahrscheinlichkeit

Anknüpfend an Szene 2.2.3, in der ein Vorschulmädchen ein Herz mit den Plättchen ausgelegt hat: Hier hat das Mädchen die zweifarbigen Plättchen erkundet und die verschiedenen Anzahlen, die sie pro Reihe für die Herzform braucht herausgefunden.

Auf Anregung der Pädagogin hin, erfasst sie nun die Anzahlen und Daten des gelegten Herzes. Dabei zählt sie die Plättchen pro Reihe.

Verdeutlichen tut sie ihr Ergebnis in dem sie die Anzahl der verwendeten Plättchen neben die gezählte Reihe schreibt, um die Farbe dar zu stellen, verwendet sie den passenden Farbstift. Weiterführend zählt sie dann alle blaue Plättchen und schreibt diese in blau unter das Herz, ebenso mit den roten Plättchen.

3.2 Reflexion des verwendeten Material nach dem GMGM-Konzept

Die systematische Analyse mathematischer Aktivitäten (vgl. Henschen 2011, S.1) mit den blauen und roten, quadratischen Plättchen fiel mir leichter als erwartet. Die Plättchen sind zwar durch ihre geringe Höhe weniger zum Konstruieren und Bauen geeignet, bieten trotzdem für alle Inhaltsbereiche zahlreiche Möglichkeiten. Es hat sich gezeigt, dass damit alle mathematischen Vorschulkompetenzen gefördert werden können.

In den Szenen von 3.1 wird bezüglich der Fragestellung dieser Arbeit deutlich, dass mit den Interaktionsformen „Imitation", „Wissensvermittlung", „Wissenskonstruktion" und „Wissensrekonstruktion" (konkret dargestellt in 2.2) und bei Beachtung der fördernden Bedingung der Interaktionen zwischen Pädagogin und Kind (herausgearbeitet in 1.2), dem Kind vielfältige mathematische Lernsituationen geboten werden können.

Schlusswort

In dieser Arbeit erkannte ich zum einen, dass Interaktion „unendlich" ist. Es gibt unzählige Formen, welche meist ineinander übergehen. Zum andern sind auch die Faktoren (wie z.b. die fördernde Bedingungen), welche die Interaktionsprozesse zwischen Pädagogischer Fachkraft und Kind beeinflussen, situativ, individuell und prägend.

Diese fördernden Bedingungen für Interaktionen fasste ich schließlich mit den drei für mich aus der Recherche herausgearbeiteten, wichtigsten Punkten zusammen:

a) „sensitiv und responsiv",

b) „Problem-Lösungsprozesse" gemeinsam reziprok, ko-konstruktiv entwickeln und

c) die Entwicklung und Weiterführung der Denkprozesse dialogisch-bewusst entwickeln.

Die konkrete Darstellung der verschiedenen Interaktionsmodelle und ihren „Abgleich" mit den genannten fördernden Bedingungen zeigte mir, dass ein allgemeingültiges Urteil, wie man es zur Orientierung allzu oft so gerne hätte, nicht möglich ist. Jedes Interaktionsmodell hat seine Stärken und Schwächen und „gut" ist, das jeweilige Modell in den „richtigen" Situationen anzuwenden. Jedes Modell kann situativ sinnvoll, aber auch ausbremsend auf die Lernsituation wirken.

In den konkreten Szenen unter Punkt 2.2 konnte dies gut herausgearbeitet werden. Außerdem zeigte die Analyse und Weiterführung der Szenen, wie die Interaktionsformen ineinander übergehen können und auch die mathematischen Inhaltsbereiche nach KMK (2004) leicht miteinanderverknüpft werden können.

Auch in der systematischen Analyse kam ich zu dieser Erkenntnis. Durch die Auseinandersetzung mit dem Material in der SAMA-Matrix beobachtete ich, dass mit den blauen und roten, quadratischen Plättchen alle mathematischen Inhaltsbereich und auch alle Arbeitsweisen (nach Henschen 2011) erarbeitet werden können.

Die Arbeit förderte meine Reflexion der verwendeten Interaktionen im Kindergartenalltag. Mir wurde deutlich bewusst, wie „unbewusst" man ein Interaktionsmodell wählt, obwohl in vielen Situationen dadurch das ko-konstruktive Gespräch, oder dialogisch-bewusst entwickelten reziproken Denkprozesse des Kindes und der Pädagogin ausgebremst werden. Gerade auch die SAMA-Matrix zeigte mir, dass mit dem richtigen Interaktionsmodell und gleichem Material in großer Menge vielfältige mathematische Lernsituationen ermöglicht werden können.

Quellenverzeichnis

Benz, C./Peter-Koop, A./Grüßing, M. (2015): Frühe mathematische Bildung. Berlin, Heidelberg: Springer Spektrum (Mathematiklernen der Drei- bis Achtjährigen).

Brandt, B./Tiedemann, K. (2011) Alltagspädagogik in mathematischen Spielsituationen mit Vorschulkindern. In: Brandt, Birgit u.a. (2011): Die Projekte erStMaL und MaKreKi. Mathematikdidaktische Forschung am "Center for Individual Development and Adaptive Education" (IDeA). Münster: Waxmann. S. 91-100.

Göncü, A. /Rogoff, B. (1998): Children's Categorization With Varying Adult Support. In: American Educational Research Journal: 35/2, S 333-349.

Henschen, E. (2011): Mathematisches Potenzial von Spielsituationen im Kindergarten, beispielhaft dargestellt an Aktivitäten in einer "Bauecke". In Reinhold Haug, Lars Holzäpfel (Eds.): Beiträge zum Mathematikunterricht. Vorträge auf der 45. Tagung für Didaktik der Mathematik vom 21.02.2011 bis 25.02.2011 in Freiburg. Gesellschaft für Didaktik der Mathematik.

Kaufmann, S. (2010): Handbuch für die frühe mathematische Bildung. Dr. A 2. Braunschweig: Schroedel.

KMK Konferenz der Kultusminister (Hg.) (2004): „Beschlüsse der Kultusministerkonferenz. Bildungsstandards im Fach Mathematik für den Primarbereich (Jahrgangsstufe 4). Online verfügbar unter: http://www.kmk.org/fileadmin/veroeffentlichungen_beschluesse/2004/2004_10_15-Bildungsstandards-Mathe-Primar.pdf, zuletzt geprüft am 3.8.2010

König, A. (2006): Dialogisch-entwickelnde Interaktionsprozesse zwischen ErzieherIn und Kind(-ern). Eine Videostudie aus dem Alltag des Kindergartens. Dortmund: k.V.

Lee, K. (2010): Kinder erfinden Mathematik. Gestaltendes Tätigsein mit gleichem Material in großer Menge. Weimar: Verl. das Netz.

Lee-Hülswitt, K. (2006): Mit Fantasie zur Mathematik. Freie Eigenproduktionen mit gleichem Material in großer Menge. In : Grüssing, Peter-Koop (Hg.) (2006): Die Entwicklung mathematischen Denkens.

Lee-Hülswitt, K. (2007): Freie mathematische Eigenproduktionen: Die Entfaltung entdeckender Lernprozesse durch Phantasie, Ideenwanderung und den Reiz unordentlicher Ordnungen. In: Graf, U./Moser Opitz, E. (2007): Diagnostik und Förderung im Elementarbereich und Grundschulunterricht. Lernprozesse wahrnehmen, deuten und begleiten. Entwicklungslinien der Grundschulpädagogik. Bd. 4. Hohengehren: Schneider Verlag. S. 150-164.

Olson, D./Bruner, J. (1996): Folk psychology and folk pedagogy. In: Olson, D./Torrance, N. (Hg.) (k.J.): The handbook of education and human development. Cambridge, Mass.: Blackwell.

Peters, S. (2010): Zum Musterverständnis von Kindern im Elementarbereich dargestellt am Beispiel der Arbeit mit Bandornamenten. Schwäbisch-Gmünd: Stuttgart-SWB-Verlag.

Rathgeb-Schnierer, Elisabeth (2008): Mathematik im Kindergarten entdecken und erfinden - Konkretisierung eines Konzepts zur mathematischen Denkentwicklung am Beispiel von Perlen. In Barbara Daiber, Inga Weiland (Eds.): Impulse der Elementardidaktik. Eine gemeinsame Ausbildung für Kindergarten und Grundschule. Baltmannsweiler: Schneider Verl. Hohengehren.

Stangl, Benjamin (Hg.) (2012): Responsivität. In: Lexikon online für Psychologie und Pädagogik. Verfügbar unter: http://lexikon.stangl.eu/7470/responsivitaet/, zuletzt geprüft 2012 (abgerufen am 5.8.15)

Sylva, K. et al. (2003): The Effective Provision of Pre-School Education Project. Findings from the Pre-school Period. London: Institute of Education University London.

Textor, M. R. (2000): Lew Wygotski – der ko-konstruktive Ansatz. http://www.kindergartenpaedagogik.de/ 1586.html (abgerufen am 5.8.15)

BEI GRIN MACHT SICH IHR
WISSEN BEZAHLT

- Wir veröffentlichen Ihre Hausarbeit,
  Bachelor- und Masterarbeit

- Ihr eigenes eBook und Buch -
  weltweit in allen wichtigen Shops

- Verdienen Sie an jedem Verkauf

Jetzt bei www.GRIN.com hochladen
und kostenlos publizieren